小跳豆 STEAM
Jumping Bean

親子科學實驗

水、空氣、光

新雅文化事業有限公司
www.sunya.com.hk

小跳豆 STEAM
Jumping Bean
親子科學實驗 ❶

目錄

掃描觀看
全部影片

水的世界 💧

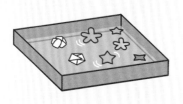

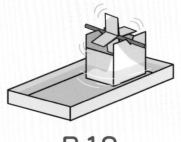

空氣的世界

活動5 空氣驚喜禮物盒

活動4 空氣炮

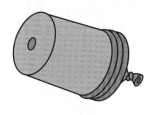

P.27

活動6 吸管紙蜻蜓

P.39

答案頁 P.51

活動7 風向計

P.45

光的世界

活動8 紙影戲

P.53

答案頁 P.71

活動9 轉轉動畫棒

P.59

活動10 紙杯小燈飾

P.65

邊做邊學真好玩，STEAM遊樂場！

未來將會是創新科技的世界，近年世界各地政府都在積極推行STEM或STEAM教育。而香港教育局為了保持香港的國際競爭力，亦在小學和中學課程中加入有系統的STEAM教育，培養學生以下5種素養來解決難題：

S = Science（科學）：認識宇宙萬物的原理

T = Technology（科技）：善用科技產品

E = Engineering（工程）：動手動腦、解決問題

A = Art（藝術）：加入美感、人性化的設計

M = Mathematics（數學）：運用數字和計算

為了令幼兒更容易銜接小學的STEAM課程，本社特別推出《小跳豆STEAM親子科學實驗》系列，以小跳豆人物漫畫及有趣的科學實驗，培養幼兒求知的精神和動手動腦的STEAM能力。

另外，「stem」也有樹幹的意思。所以我們選用了西蘭花這種跟樹幹最相似的有益蔬菜，設計成新角色「西蘭花博士」。西蘭花博士將會帶領大家走進STEAM遊樂場，各位家長和小朋友，一起來「玩科學」吧！

新雅編輯室

本冊活動所需的材料和工具都是在家中常見的用品，操作容易，家長可以陪同子女一起製作和測試成品，在過程中也可以講解當中的科學原理，共度一個愉快的親子時間。

活動步驟說明

本書共有10個STEAM實驗活動，大家看過科學漫畫故事後，可按以下步驟製作有趣的小玩意，並從活動中學習不同的STEAM能力啊！

T 科技能力　**E** 工程能力

搜集可循環再用的生活用品，用最方便的材料製作。

S 科學能力　**M** 數學能力

進行初步測試和實驗，然後耐心量度，記錄結果。

E 工程能力　**A** 藝術能力

思考可以改善小玩意效能的地方，然後動手改造，並將外觀變得更美麗。

S 科學能力　**T** 科技能力

閱讀小玩意背後隱藏了什麼科學原理，了解相關的科技工具怎樣為生活帶來方便。

S 科學能力　**T** 科技能力

透過挑戰問題，延伸學習更多生活中的科學和科技常識。

可以用手機掃描各活動的QR code，直接觀看製作和測試的短片啊！

水的世界

我們每天都要喝水，也要用水來做各種活動，例如清潔、煮食和灌溉。你們不要忘記，水還可以用來玩遊戲啊，一起來製作一些流水小玩具吧！

活動 1

魔法小花

水沒有固定形狀，而且無孔不入。
當它遇上紙張，還會產生特別的現象！
我們就試試用紙來製作一些小花，
和水合力表演一個神奇小魔法吧！

水上開花

我每天為植物澆水，希望它成長和開花。

但它們開花太慢了。

你們別心急，萬物有時，種花要有耐性。

花王叔叔？

哈哈，我就為你們表演一個水上開花的的魔法吧！

水上開花？

我的真正身分名叫西蘭花博士，最喜歡用簡單材料製作有趣的STEAM小玩意！

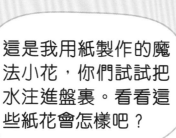

這是我用紙製作的魔法小花，你們試試把水注進盤裏。看看這些紙花會怎樣吧？

會發生什麼事呢？

8

動手做

掃描觀看製作
和實驗短片

材料

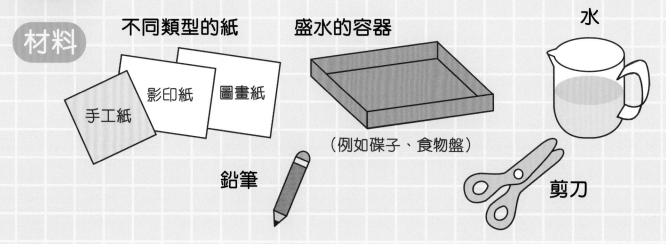

不同類型的紙　　盛水的容器　　　　　水

手工紙　影印紙　圖畫紙

（例如碟子、食物盤）

鉛筆　　　　剪刀

步驟

①

在紙上繪畫不同形狀的花
朵，然後剪出來。

②

把凸出來的花瓣，摺向中
間收藏起來。

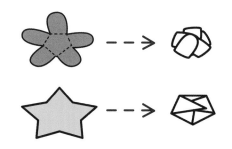

③

把水注進容器中。

準備完成！

10

⚠ 小朋友請穿上圍裙，如弄濕了四周，記着要抹乾淨啊！

看看魔法小花遇到水後會出現怎樣的效果？

不同大小和摺法的紙花，開花速度都不同啊。

① 把摺起來的紙花放到水面上，它會開花嗎？

有些紙花沉了，有些紙花沒有開啊！

② 用不同紙質做出來的小花，效果有分別嗎？

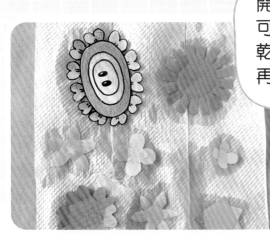

開花後濕透的小花，可用廚房紙壓着，吸乾水分後就可以循環再玩了。

魔法小花還可以變出什麼新花款呢？
我們一起來想想吧！

在花芯寫上祝賀信息，開花時給大家一個驚喜吧！

垂直放置金屬盤子，用磁石把小花貼在上面。噴水後也可以開花啊！

科學大解構

為什麼紙花遇水後會開花？

紙張是由樹木等植物纖維造成的，裏面充滿了微細空間，容易吸收和傳送水分。實驗中的紙花浮在水面時，外側底部會先吸水，然後傳到花瓣的摺疊位置。

摺疊位置吸水後會變大並向外伸展，產生開花的效果。不同紙質有不同的纖維分布，所以吸水和開花的速度也有分別。

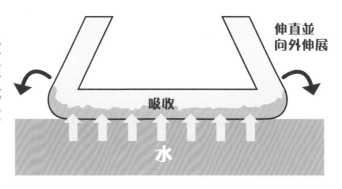

伸直並
向外伸展

吸收

水

小問題考考你

有什麼類型的紙張是無法用來做這個「魔法小花」實驗的？

測試結果及答案可參閱第25頁「答案欄」。

活動 2
浮沉水母

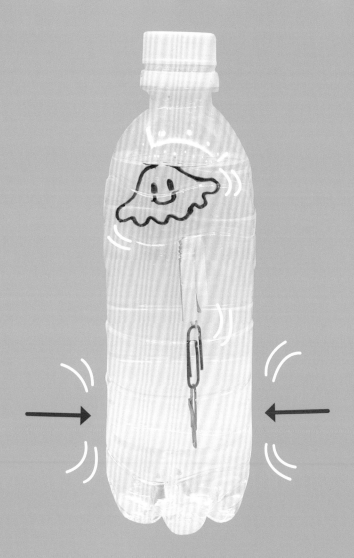

夏天的時候，很多人都喜歡去游泳。但你們有否想過，為什麼我們緊張時會沉進水中，放鬆時又較容易浮起呢？我們就用這個懂得浮浮沉沉的小水母探究一下原因吧！

浮浮沉沉

我們還未學懂游泳，要用水泡才能浮起。

真羨慕魚兒可以在水中暢泳啊！

在游泳池都會遇到西蘭花博士？

你們別灰心，先看看我的這個小玩意！

這瓶子裏的小水母能讓你們明白浮沉的原理！

你們看！當我用力按壓水瓶，裏面的小水母就會向下沉。

當我雙手一放開，小水母就會上升了。

14

這些小水母很神奇！

但跟我們游泳有什麼關係呢？

這小水母讓我們觀察到，有些物體的浮沉跟空氣有關。你們身上的水泡，是因為存有空氣，才會浮在水上的。

你們潛入水之前，先深深地吸一口氣，也可以幫助浮起啊。

是嗎？

不如，我問你們一個智力題吧？

好吧……

有一艘沒有壞掉的船，但一開動就沉了。為什麼呢？

這個嘛……

哈哈哈！

答案是：那隻船是潛水艇。當然會沉。

一起製作浮沉水母吧！

掃描觀看製作
和實驗短片

材料

膠水瓶

吸管

萬字夾約5個

（盡量少用金屬材料，
因在水中容易生鏽。）

剪刀

水

步驟

① 剪出長約6厘米的吸管，
然後在中間對摺。

3厘米　3厘米

② 把萬字夾的
兩端插入吸
管的左右兩
個洞口。

可試用其他
方式插入萬
字夾，並添
上裝飾。

③ 固定後，在萬字夾下再扣上
其他萬字夾。小水母完成！

④ 把膠水瓶注水至9成
滿，然後把小水母
放入瓶中，再把瓶
蓋封好。

完成！

實驗小測試

看看小水母在水中會出現怎樣的效果？

① 在步驟 ④ 之前先把小水母放到一個盛了水的碗子內，觀察各種情況：

A. 平躺在水面 ✗

太輕了！

要加扣萬字夾。

B. 沉到水底 ✗

太重了！

要減少萬字夾。

C. 垂直地稍稍浮在水面

✓

成功！

可繼續進行測試2了！

② 把小水母放進瓶中，用雙手按壓和放鬆膠水瓶，觀察小水母的浮沉情況：

⚠ 實驗後的水不能飲用啊！

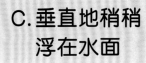

按壓膠水瓶
小水母有向下沉嗎？

把膠水瓶放鬆
小水母有向上升嗎？

我們試用其他物品來設計浮沉小物，測試它們的浮沉效果吧！

在小醬油瓶的瓶口貼上螺絲母，或泥膠等重物。

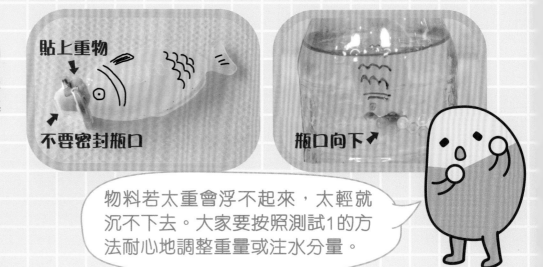

貼上重物

不要密封瓶口

瓶口向下

物料若太重會浮不起來，太輕就沉不下去。大家要按照測試1的方法耐心地調整重量或注水分量。

科學大解構

為什麼浮沉水母會浮浮沉沉？

我們游泳時會覺得自己輕了，那是因為水給予我們浮力。而物體在水裏佔的體積會影響所受浮力的大小。

吸管裏面存有空氣。當雙手擠壓膠水瓶，水被壓進吸管中，裏面的空氣被擠壓而體積變小。小水母整體受到的浮力降低，承托不到自身重量，所以下沉。

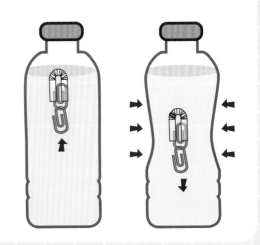

小問題考考你

如果我們想在水中較容易浮起，入水前應該呼氣還是吸氣呢？

測試結果及答案可參閱第25頁「答案欄」。

活動 3

牛奶盒水車

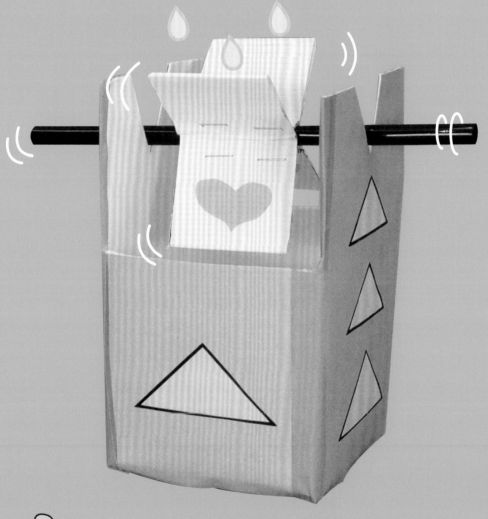

你們在一些公園的池塘邊，有見過水車隨着水流而團團轉嗎？那些水車可不是普通的裝飾啊，讓我們製作一個小水車，來看看它有什麼功用吧！

勤勞的水車

從前，有一個村莊。那裏的村民都很勤勞地耕作……

除了懶惰的胖胖豆和力力豆。

> 我不想動。

> 我不想工作。

於是，他們去拜訪發明家西蘭花博士。

> 請問有法寶可以讓我們不用勤勞工作嗎？

> 你們的想法不太好……

> 不過，這個水車就借給你們吧！

> 河流和瀑布可以啟動這水車。

> 流水轉動水車，可令木槌自動舂米。

> 也可連接升降機運送糧食。

有這個水車，我們就可以不勞而獲了！

你們真懶惰。

胖胖豆和力力豆天天在家躲懶。可惜好景不常，村莊出現了旱災。

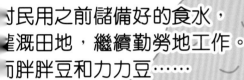

村民用之前儲備好的食水，灌溉田地，繼續勤勞地工作。而胖胖豆和力力豆……

博士，沒有水，水車還能工作嗎？

沒問題，我可以改裝一下就行，不過……

水車改為人力啟動了？好累啊！

現在是你們勤勞的時候了！

一起製作牛奶盒水車吧！

動手做

材料

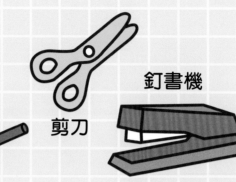 

牛奶盒　　吸管　　剪刀　　釘書機　　水

步驟

①

把牛奶盒剪去頂部，把餘下的剪成A、B兩部分。

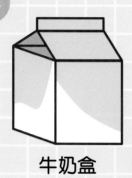

頂部：丟棄

A部分：4厘米

B部分：12厘米

②

把A部分每一邊往中間對摺，然後摺成十字形。

③

在十字形的中央插入吸管，每邊用釘書機固定。

打釘位置

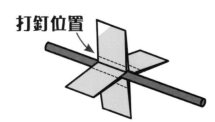

④

B部分如下圖剪裁。把A部分兩邊伸出的吸管，掛在凹位上。

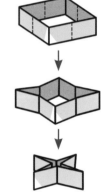

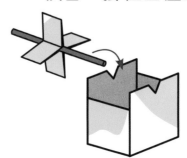

完成！

實驗小測試

你的水車會隨着水流轉動嗎？

① 把水車放在水盆上，然後往輪子注水。輪子有轉動嗎？

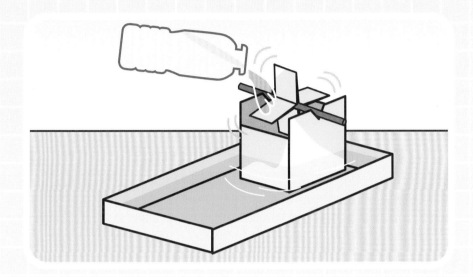

② 試把注水的高度增加，並注出更多的水到輪子上。輪子會轉得更快，還是更慢呢？

大家也可以直接把水車放在浴室的水龍頭或花灑下測試啊！

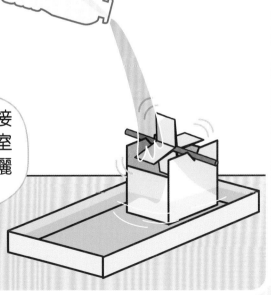

23

我們來改良水車，並為它增加功能吧！

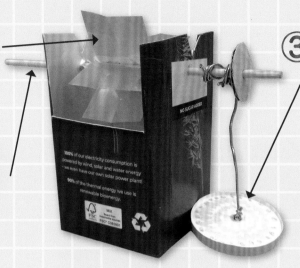

① 用塑膠文件夾製作輪子，更加耐用和防水。

② 用木筷子取代吸管，令結構更穩固。

③ 在木筷子的一端繫上幼繩和小紙盤，輪子轉動時就成為起重機了！

科學大解構

水車有什麼用途呢？

古時候沒有電力，但人們很聰明，已設計出水車這工具，利用水向下流的特性，帶動輪子轉動。這構造可以用來幫忙農業工作，例如舂米、研磨、灌溉等。

時至今日，部分古時的水車仍可繼續運作。此外，也有一些成為了旅遊景點和用作科技示範。

小問題考考你

我們可以在哪裏見到水車呢？

測試結果及答案可參閱第25頁「答案欄」。

活動1　魔法小花

測試結果
紙張的纖維分布會影響傳送水分的速度，紙吸水越快，開花就越快。皺紙或衞生紙很薄，吸水太快會變太重，所以立即沉沒。

小問題考考你
防水紙的表層塗了膠膜，防止水分滲入。例如牛皮蠟紙、紙包飲品盒、圖書的封面等，無法用來製作魔法小花。

活動2　浮沉水母

測試結果
按壓水瓶可將水壓進吸管裏，空氣體積變小了，所以下沉；雙手放鬆時，吸管裏的水溢出，空氣會填入，空氣體積變大了，所以向上浮。

小問題考考你
入水前先深深吸一口氣，面向池底並張開全身，會較容易浮在水面。因為在相同重量下，體積越大，身體受到的浮力越大。我們吸氣後，空氣所佔的體積擴大了，所以較易浮起。

活動3　牛奶盒水車

測試結果
由牛奶盒摺成的水車葉片，當受到流水衝擊，轉軸就會驅使輪子轉動。當流水的分量越多，水源高度越高，輪子也會轉得越快。

小問題考考你
香港鑽石山的南蓮園池，有一個水車磨坊的大型裝置；而內地蘭州市、麗江市等有些公園和古城，也保留了很多古時的水車，用作參觀及實際農業工作。

空氣的世界

空氣無色、無味、無形，但卻充滿在我們的四周，還會到處流動形成風。我們的眼睛看不見**空氣**，但可以用什麼工具來尋找和捕捉它呢？又可以借助**空氣**來製作什麼玩具呢？

活動 4

空氣炮

世界上竟然有一種看不見的武器？那就是由空氣形成的子彈了！

誰說空氣沒有力量？快來製作「空氣炮」，測試它的威力吧！

看不見的子彈

我用水槍應戰

我們來個比賽，看誰先把這些紙牌擊倒吧！

好啊！

我的吸盤子彈是無敵的！

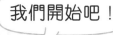

我們開始吧！

好！我射！

噗！

噗！

十分鐘後……

不好了，我們把桌面弄得一片混亂了。

如果媽媽出來看到，一定會很生氣。

嘻嘻……

如果你們使用看不見的子彈，就不怕弄污地方了。

西蘭花博士，世上哪有看不見的子彈呢？

這個空氣炮使用的就是空氣子彈！

空氣也有威力嗎？

噗！噗！

啊！

我感到有風吹過，但真的看不到！

太神奇了，我也要玩！

一分鐘後……

你們怎麼把桌面弄得亂七八糟！

媽媽來了！博士，怎麼辦……

博士也像空氣一樣看不見了！

咦？博士呢？

躲起來最安全。

一起製作空氣炮吧！

掃描觀看製作
和實驗短片

材料

氣球

紙杯3個

剪刀/美工刀

膠紙

步驟

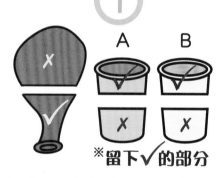

① 把氣球和紙杯A和B剪開一半。

※留下√的部分

② 在紙杯C的杯底剪出圓孔。把紙杯A和B套入紙杯C，令杯口更堅固。

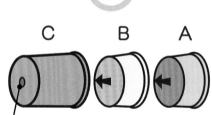

直徑約2厘米

③ 把氣球的末端打結，然後另一端張開，套住杯口，再用膠紙密封。

末端打結

完成！

看看空氣炮的威力有多大？

① 將炮口面向卡紙，輕輕拉動氣球末端，然後放手。

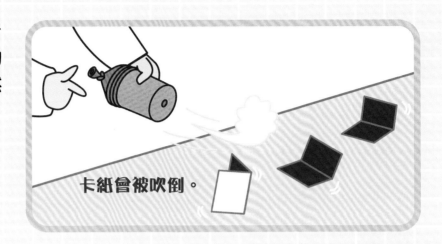

卡紙會被吹倒。

② 把氣球拉得更長才放手，看看空氣炮最遠可以射到哪個位置？

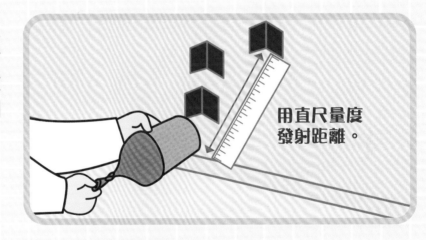

用直尺量度發射距離。

③ 多製作幾個空氣炮，炮口各有不同的大小，看看哪一種大小的炮口能射得最遠？

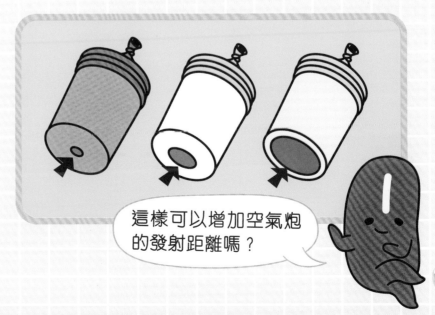

這樣可以增加空氣炮的發射距離嗎？

把紙杯換成塑膠瓶，發炮效果會變成怎樣呢？

① 先用美工刀切去塑膠瓶的底部，再套入氣球。

③ 瓶口更容易瞄準目標。

② 塑膠瓶比紙杯更堅固耐用。

科學大解構

為什麼空氣炮可發射強風？

　　紙杯內充滿了看不見的空氣，當氣球被拉動和放手時，杯中的空氣會受到擠壓，尋找出口逃出。因為只有一個出口，所以空氣集中在炮口，形成一個向前的力道射出。

這是空氣炮的橫切面圖，可以看到空氣被擠壓時從炮口噴出。

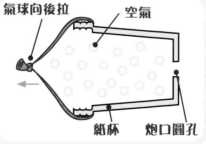

氣球向後拉　空氣

紙杯　炮口圓孔

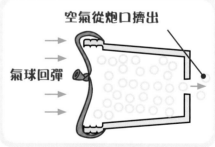

空氣從炮口擠出

氣球回彈

小問題考考你

有什麼工具或玩具是利用壓力來擠出空氣的呢？

測試結果及答案可參閱第51頁「答案欄」。

活動 5

空氣驚喜禮物盒

你知道嗎？在我們經常玩的氣球中，甚至我們的身體裏，也是充滿了空氣的。

我們「親口」用空氣充滿這個禮物盒，給朋友一個驚喜吧！

送禮物的訓練

火火豆,一起跟我練習深呼吸吧!

博士,我不明白!

請說!

明天是跳跳豆和糖糖豆的生日,我想送他們一份禮物,但為什麼我要練習深呼吸呢?

因為這是空氣驚喜禮物盒!

你要練習深呼吸,才能把塑膠袋吹脹啊!

這個禮物盒是用吹氣方法來開啟的。只要你向吸管吹氣,把盒裏的塑膠袋吹脹,就可給朋友們一個驚喜了。

嘩一

我明白了,博士!

動手做

掃描觀看製作和實驗短片

材料

牛奶盒

薄塑膠袋

吸管

膠紙

剪刀

油性筆

步驟

①

在牛奶盒的中間位置剪開三個邊。

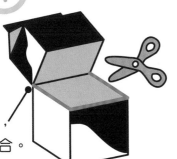

後面不要剪，令盒子可開合。

②

在牛奶盒後面的下方，鑽出一個小孔。

小孔直徑約5毫米，與吸管直徑相若。

③

將薄塑膠袋的開口套上吸管。

用膠紙密封，以免空氣洩漏。

④

把膠袋壓扁並捲起放進盒內，然後把盒蓋關上。

吸管從小孔伸出盒外。

完成！

☆ 可以發揮創意，用油性筆為膠袋畫上裝飾。

向吸管吹氣後，驚喜禮物盒會變成怎樣？

① 向吸管用力吹氣，膠袋會變大，並把盒蓋打開嗎？

② 改用更大或更長的膠袋，效果有什麼不同呢？

要吹氣這麼久，我很累了。

③ 使用不同粗幼的吸管，看看哪一種吸管能令膠袋變大得最快？

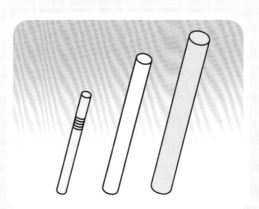

小改良大改造 用其他材料的盒子或袋子來製作驚喜禮物盒，效果會有什麼分別呢？

① 紙袋較堅挺，但你需要更用力地吹氣啊！

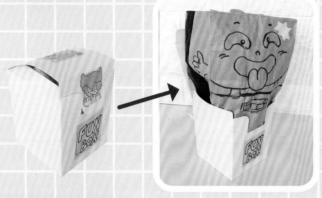

② 使用長長的雨傘袋，令燈神從紙杯中冒出來！

科學大解構

為什麼吹氣可以令袋子變大？

空氣雖然無色無味，眼睛看不見，但它卻存在於我們的四周和身體裏。當我們把空氣吹進袋子內，看到袋子變大起來，就證明空氣會佔有空間了。越大的膠袋，就能容納越多空氣，佔用越多的空間。

空氣是個大力士，這些充氣彈牀可以同時讓很多小朋友在上面玩呢！

小問題考考你

除了氣球外，還有什麼東西是內裏充滿空氣的呢？

測試結果及答案可參閱第51頁「答案欄」。

活動 **6**

吸管紙蜻蜓

你們有玩過「竹蜻蜓」這種傳統玩具嗎？它們會像蜻蜓般在空中升降迴旋，真的很有趣！其實這個有趣現象是因為空氣的流動而出現的。我們試試用吸管和卡紙，製作「吸管紙蜻蜓」來探究一下吧！

漫遊天空

天上有許多蜻蜓在飛啊！

令人好羨慕啊！我好想飛！

我這個小蜻蜓也可以在天空漫遊啊！

真的嗎？

這是我用吸管和卡紙製作的**吸管紙蜻蜓**！

我把它從高處放下時……

會怎樣呢？

它會緩緩地旋轉落下。

很神奇啊！

然後，當我把它向上旋轉，並放開雙手……

它會向上飛啊！

很厲害啊！

好，我要挑戰這隻紙蜻蜓！

怎樣挑戰呢？

動手做

掃描觀看製作
和實驗短片

材料

卡紙　　吸管　　膠紙　　剪刀

步驟

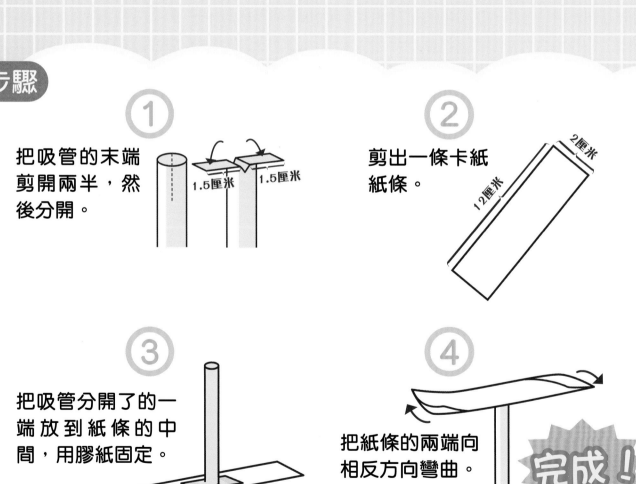

① 把吸管的末端剪開兩半，然後分開。

1.5厘米　1.5厘米

② 剪出一條卡紙紙條。

2厘米
12厘米

③ 把吸管分開了的一端放到紙條的中間，用膠紙固定。

④ 把紙條的兩端向相反方向彎曲。

完成！

☆ 可以發揮創意，為紙條畫上裝飾。

你的吸管紙蜻蜓可以旋轉和起飛嗎？

① 先把紙蜻蜓從高處放下。看看它落下時，紙條葉片向哪一個方向轉動。

> 葉片彎曲的方向會影響它轉動的方向啊。

② 左右手夾着吸管下方，分別往前後一推一拉，然後雙手鬆開。紙蜻蜓會旋轉並向上飛嗎？

> 如果紙蜻蜓無法向上飛，反而向下墜，你可把左右推拉的方向相反過來，再試一試效果。

⚠ 不要靠近自己和別人的臉，以免轉動的葉片弄傷眼睛或身體！

怎樣可以令吸管紙蜻蜓飛得更久、更快、更安全呢？一起發揮創意想一想吧！

海綿葉片

打中身體也不太痛。

三條葉片

可以飛得較穩定。

較薄較短葉片

可以轉得更快。

科學大解構

為什麼吸管紙蜻蜓旋轉時會向上升？

吸管紙蜻蜓可以飛上天，跟葉片的形狀有關。因為葉片是彎曲的，當它們轉動時，會把旁邊的空氣劃分為上下兩份，就像河水遇到石頭而分流一樣。

空氣在葉片上下方流動時，速度各有不同。葉片上方的空氣流動較快，氣壓較小；葉片下方的空氣流動較慢，氣壓較大。因為葉片下方的氣壓大於上方，所以產生升力，令物件向上升。

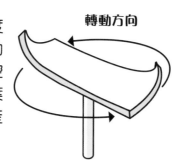
轉動方向

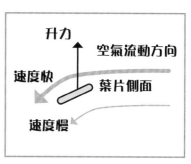
升力
空氣流動方向
速度快
葉片側面
速度慢

小問題考考你

直升機的構造跟吸管紙蜻蜓有什麼相似的地方呢？

測試結果及答案可參閱第51頁「答案欄」。

活動 7

風向計

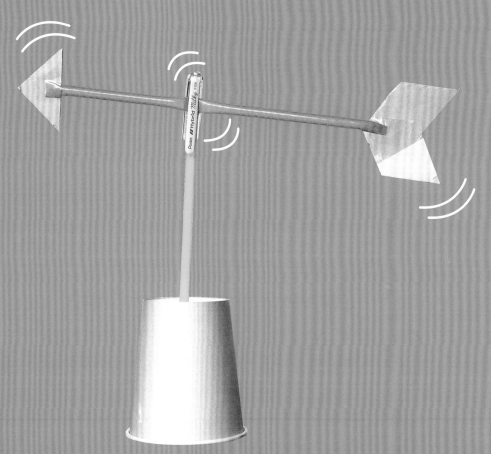

微風吹來，令人感覺舒暢，但颳大風時卻會令人感到寒冷。風是流動的空氣，所以同樣是看不到的，但我們可以製作「風向計」來測量風的方向！

借東風

赤壁之戰開始了，我的戰船是無敵的！

曹操我們不會怕你的！

我們來演話劇《三國演義》，我要當劉備！

我是周瑜啊！

我要演曹操！

我把風扇帶來了。故事說，我們要「借東風」才能打贏曹操。

東風即是哪個方向吹來的風呢？

這個嘛……

是由東方吹來的風吧？

不是吹向東方的風嗎？

在下諸葛亮，來教各位如何借東風。

西蘭花博士變成諸葛亮了？

動手做

掃描觀看製作
和實驗短片

材料

筆蓋（連筆夾）

卡紙

紙杯

吸管2枝

剪刀

膠紙

步驟

①

把卡紙剪出箭頭和箭尾。

 箭頭較小

箭尾較大

②

把吸管兩端剪出開口，套入箭頭和箭尾，並貼好。

③

在紙杯底畫十字，並用鉛筆在正中心刺孔。

順序寫上東、南、西、北。

④

用筆蓋夾着吸管的中央，放在另一枝吸管上，再插進紙杯的孔中。

完成！

☆ 如風向計容易倒下，可在紙杯內，加上重物作穩固。

你的風向計有隨風轉動嗎?

① 根據指南針,把杯底的「東南西北」轉到正確的方向。

如果你沒有指南針,也可利用「指南針」手機程式啊。

② 把風扇放在風向計旁邊吹風,箭頭有轉向風扇的一方嗎?

關

開

箭頭的面積要比箭尾小,才不會指錯風向啊!

我們來改良出更大型和更多功能的風向計吧！

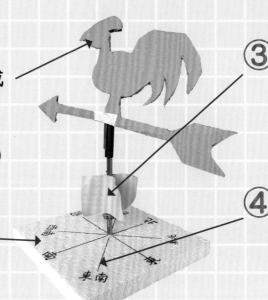

① 箭頭：
加上公雞的外形，變成大屋屋頂的「風向雞」裝飾了！
（雞尾的面積要比雞頭大）

② 底盤和支撐：
改用發泡膠和筆桿，那就更穩固了。

③ 風速計：
用薄紙摺成扇葉形的轉盤，當它轉動得越快，就代表風力越強！

④ 方向指示：
由四個方向增至八個，指示更精確。

科學大解構

為什麼風向計會指着風吹來的方向呢？

風是由空氣流動而形成的，空氣雖然用肉眼看不到，但我們可以透過風向計上的箭頭觀測風的方向。箭頭和箭尾因為面積不同，受到的風力也不同，所以會隨風轉動。

箭尾受風的面積比箭頭大，在較大的力影響下而轉動。

當箭頭轉動至與風吹的方向平行，它就不會轉動，而一直指着風吹來的方向。

小問題考考你

我們說的「東風」，即是由東方吹來，還是吹向東方的風呢？

測試結果及答案可參閱第51頁「答案欄」。

活動4　空氣炮

測試結果

把氣球拉得越長，發射的距離就越遠；炮口加大，可以擠出較多的空氣，也可射得較遠。但如果炮口太大，射出的空氣會被分散，力度和射程反而減弱。

小問題考考你

利用壓力來擠出空氣的工具或玩具，包括清潔相機鏡頭的吹塵器、為皮球打氣的氣泵、氣動式的玩具槍等。

活動5　空氣驚喜禮物盒

測試結果

如果使用較長的膠袋，需要吹進較多的空氣，才能把它注滿。使用越粗的吸管，就可以令膠袋變大得越快。

小問題考考你

內裏充滿空氣的玩具和工具有很多，包括皮球、熱氣球、汽車或單車的輪胎、包裹用的泡泡紙、零食包裝等。

活動6　吸管紙蜻蜓

測試結果

葉片彎曲的方向不同，轉動時會令空氣上下分流的速度相反，所以會出現「向上飛」和「向下降」兩種不同的現象。

小問題考考你

直升機都有一個螺旋槳，以旋轉來產生巨大的升力，令機身垂直向上飛，而不像其他飛機那樣需要長長的跑道來起飛。

活動7　風向計

測試結果

面積較大的一方會受到較多風力，所以如果箭頭的面積比箭尾大，它就會反過來用箭尾指着風吹來的方向，那就會出錯了。

小問題考考你

風向是指風吹來的方向，所以「東風」代表由東方吹來、並吹向西方的風。

光

　　太陽、街燈、電筒……我們日常生活需要光來觀察環境。各種美麗的燈飾、有趣的電影和電視卡通，也是配合了光的效果，我們才能欣賞得到。我們就來運用光，來製作以下神奇影像吧！

活動 8

紙影戲

　　有光，自然會有影子。你們有留意過地上和牆上的影子嗎？有想過黑漆漆的影子也可以發揮不同用途嗎？

　　我們就利用光與影來表演一齣精彩有趣的「紙影戲」吧！

光影劇場

紙影戲科學大匯演

紙偶在燈光照射下，會在幕上形成影子。那麼觀眾就可以看到影子的演出了！

火火豆，你們遮擋我們了，坐到後排可以嗎？

不可以。我們生得高，又早到場，決定坐哪裏就坐哪裏。

唉……

火火豆，你說生得高就可以做決定嗎？

啊？

影子在跟我說話？

那麼，現在誰生得較高呢？

嘩！

只要把燈光靠近人偶，影子就會變得巨大啊！

對不起，我們知錯了！

這樣大家就學懂禮讓了。

哈哈……

一起製作紙影戲吧！

動手做

材料

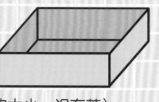

紙皮盒
（約鞋盒的大小，沒有蓋）

電筒

黑色卡紙

牛油紙

吸管
4根

鉛筆

剪刀

膠紙

步驟

① 把紙皮盒的頂部和底部各剪出圓孔。

（圓孔直徑2厘米）

② 把紙皮盒的另一面剪出長方形，然後貼上牛油紙，成為紙幕。

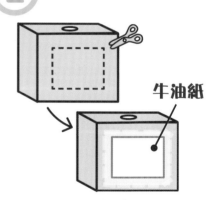

牛油紙

☆ 可以發揮創意，裝飾紙皮盒。

③ 把卡紙剪出不同形狀，然後貼在吸管上，成為紙偶。

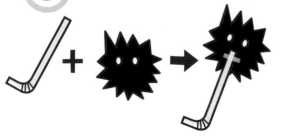

準備完成

56

看看紙幕上面會出現怎樣的影子？

① 把紙偶從上下方的圓孔放入紙皮盒內，拿着吸管操縱它們。在紙幕後把電筒亮起，人們就可看到紙幕前形成了影子！

影子的形狀和紙偶相同嗎？

影子

② 如果把電筒放近紙偶，紙幕上面的影子有什麼變化？

把房間周圍的燈關上，紙幕上的影子有什麼變化嗎？

怎樣令舞台操作更方便、紙偶的效果更美麗呢？
大家看看以下的建議吧！

① 用厚紙皮摺成一個窄長的凹槽，貼在紙皮盒的後方，用來放置手機。

② 使用玻璃紙來製作紙偶，用油性筆畫上線條。

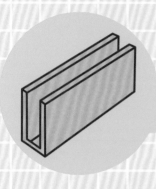

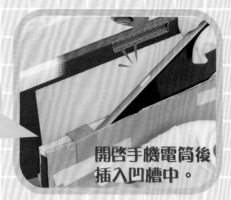

開啓手機電筒後，插入凹槽中。

在燈光下，紙幕上面的影子變成有顏色了！

科學大解構

紙幕上的影子是怎樣形成的？

亮起電筒時，我們能夠看到亮白的牆壁，是因為有光照射到牆壁上。

光線是以直線前進的，遇到阻礙物時不會轉彎，所以在阻擋下，有些光線無法投射到牆壁上，就會形成黑色的影子了。

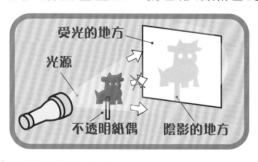

受光的地方

光源

不透明紙偶　陰影的地方

紅色半透明紙偶　紅色的陰影

只有紅色光能通過半透明的紅色玻璃紙，所以形成紅色的陰影。

小問題考考你

這一種傳統的燈影戲又稱為「皮影戲」，你知道為什麼嗎？

測試結果及答案可參閱第71頁「答案欄」。

活動 9

轉轉動畫棒

小朋友，你喜歡看卡通動畫片嗎？你有否想過為什麼我們可以看到動畫嗎？其實只要你明白了其中的原理，用一枝筆、幾張紙，就可以親手製作一段自創的動畫了！

動畫大師

你們使用這個「轉轉動畫棒」，就可以製作動畫了。

首先，你們要先繪畫四幅構圖相似的連續畫面。

然後，將這些畫面快速地展示，我們就會看到圖案好像活動起來了。

真的啊！好神奇！

半小時後⋯⋯

只畫了四幅圖，那麼一齣動畫片要畫多久才畫得完？

好！我重新開始繪畫吧！

加油！

我有新的決定了！

有什麼事呢？

當動畫師太累人了，我以後專心做觀眾吧！

你太容易放棄了！

一起製作轉轉動畫棒吧！

動手做

掃描觀看製作
和實驗短片

材料

鉛筆

薄紙或手工紙

長吸管

膠水

剪刀

步驟

①

剪出4張小紙張。在上面寫上1至4，並畫上連續的圖畫。

7厘米

4厘米

②

對摺小紙張，並在背面塗上膠水。
（中央位置不要塗上）

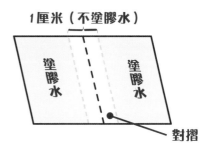

1厘米（不塗膠水）

塗膠水

塗膠水

對摺

③

把小紙張順序貼好，拼成十字形。

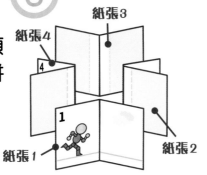

紙張3

紙張4

4

紙張1

1

紙張2

④

把長吸管插進十字形中央的空隙中。

4

1

完成！

看看四幅圖畫轉動時會出現怎樣的效果？

① 雙手夾着吸管的下方，
前後移動令吸管旋轉。
紙上的圖畫動起來了！

② 垂直繪畫圖畫後，把吸管橫放來旋轉，也有相同效果。

如果把吸管往相反的
方向旋轉，圖畫的動
作有沒有變化呢？

③ 把小紙張由4張加到8張，多畫中
間的細節。動畫效果有分別嗎？

怎樣可以畫出更生動的動畫呢？大家參考以下建議吧！

開啟手機的電筒，在上面放一個透明盒子，製成小燈箱。

把紙張疊在上一幅圖案上，放在小燈箱上面繪畫。

這樣可以看到底層的圖案，較容易臨摹上一幅圖畫！

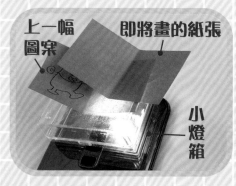

上一幅圖案　　即將畫的紙張　　小燈箱

科學大解構

為什麼我們會看見圖畫動起來？

原來我們的眼睛有「影像殘留」這個特性，當我們看東西時，影像會短暫停留在眼睛上。所以，即使我們看到的是一組獨立和靜止的圖案，但當它們快速轉換時，我們就會有錯覺，以為圖案連貫地活動起來了。

電影都是運用這原理來播放的。全靠眼睛有這樣的錯覺，我們才能看到精彩的作品啊！

小問題考考你

我們平時觀看的電影，每秒要播放多少格，看起來才會流暢呢？

測試結果及答案可參閱第71頁「答案欄」。

活動 **10**

紙杯小燈飾

大家喜歡過聖誕節嗎？這節日除了可以收禮物、吃大餐之外，還可以欣賞到街上賞心悅目的聖誕燈飾。讓我們也運用紙杯製作一些安全又美麗的閃亮燈飾吧！

聖誕燈飾

聖誕節到了！

我為房間裝飾成這樣，很美吧？

但是，總覺得美中不足……

欠缺了什麼呢？

對了！我們點蠟燭做裝飾吧！

太危險了！小朋友不可以玩火啊！

西蘭花博士變了聖誕老人？

呼！

聖誕節有燈飾才有氣氛啊！

沒你們辦法……

我教你們做安全的燈飾吧。你們可先把卡紙剪成不同圖案，貼在紙杯的內層。

然後用小電燈取代蠟燭，再蓋上紙杯。

一起製作紙杯小燈飾吧！

掃描觀看製作
和實驗短片

材料

LED小燈
（發光二極管）
（LED小燈可在
家品雜貨店購買）

深色卡紙

鉛筆

剪刀

紙杯　　　膠水

步驟

①

把卡紙剪成以下形狀。

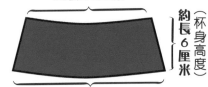

約長20厘米

（杯身高度）約長6厘米

約長24厘米
（杯口長度）

②

在卡紙上自由畫出圖案，
然後沿外形剪下。

③

把圖案沿着杯
口，貼在紙杯
內層。

④

亮起LED小燈，
把紙杯蓋上。

完成！

你的小燈飾展示了什麼圖案呢？

① 在不同的光暗環境中測試小燈飾，它在哪裏最光亮呢？

亮起小燈，關掉房間燈光。

當房間光亮時，看不到紙杯上有變化啊。

燈光關掉後，就看到紙杯上的陰影了！

② 用鉛筆在紙杯上繪畫圖案，然後沿着線刺出小孔。

亮燈！

怎樣令小燈飾閃亮得更美麗？大家發揮創意，設計
紙杯上的裝飾吧！

在紙杯上剪出中空的圖案，
然後貼上玻璃紙，並封好。

亮燈！

科學大解構

為什麼周圍環境越暗，小燈飾就越光亮？

眼睛對光線明暗很敏感，當我
們看着一個發光物體時，如果周圍
環境較光，發光物體的光芒會被遮
蓋，看起來較暗；如果周圍環境較
暗，我們就會看到這物體較光亮。

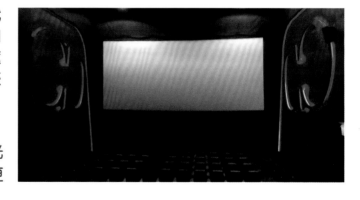

戲院播放電影時，會先把周圍的燈光
關掉，這樣熒幕看起來就會更亮和更
清晰了。

小問題考考你

如果我們晚上要看星
星，應選擇在昏暗還
是光亮的環境呢？

測試結果及答案
可參閱第71頁
「答案欄」。

活動8　紙影戲

測試結果

紙偶跟影子的形狀完全相同；把電筒越放近紙偶，幕上的影子會越大；周圍的燈光關上後，幕上的影子會更清晰和深色。

小問題考考你

皮影戲在中國已有悠久歷史，因為民間的做法是用獸皮加上彩繪來製作人偶的，所以被稱為皮影戲。

活動9　轉轉動畫棒

測試結果

如果改變旋轉方向，圖畫的次序便會相反，動作看起來便相反了。如果小紙張加到8張，並在每幅圖畫之間補充細節，那麼動畫效果就會較順暢了。

小問題考考你

一般的電影會在1秒鐘內播放24格連續畫面，這樣我們已能看到順暢的影像。但現時很多高清電影及電子遊戲，會達到每秒60格甚至更多，令畫面更穩定。

活動10　紙杯小燈飾

測試結果

把房間的燈光關掉，小燈看起來較光亮，紙杯上的陰影較清晰。

小問題考考你

因為天上星星的光線較微弱，我們要在昏暗的環境中（即街燈較少，或天上沒有明月的時候），才能較容易看到星星。

小跳豆STEAM

親子科學實驗 ① 水、空氣、光

作　　者：新雅編輯室
封　　面：李成宇
責任編輯：黃楚雨
漫　　畫：RaraRin
美術設計：李成宇
出　　版：新雅文化事業有限公司
　　　　　香港英皇道499號北角工業大廈18樓
　　　　　電話：(852) 2138 7998
　　　　　傳真：(852) 2597 4003
　　　　　網址：http://www.sunya.com.hk
　　　　　電郵：marketing@sunya.com.hk
發　　行：香港聯合書刊物流有限公司
　　　　　香港荃灣德士古道220-248號荃灣工業中心16樓
　　　　　電話：(852) 2150 2100
　　　　　傳真：(852) 2407 3062
　　　　　電郵：info@suplogistics.com.hk
印　　刷：中華商務彩色印刷有限公司
　　　　　香港新界大埔汀麗路36號
版　　次：二〇二三年六月初版

以下照片來自shutterstock（www.shutterstock.com）：
P.6 海洋；P.26 椰樹、天空、風箏；P.38 充氣彈牀；P.52 太陽